영역별 반복집중학습 프로그램 **기탄영역별수학**
도형·측정편

수학과 교육과정에서 초등학교 수학 내용은 '수와 연산', '도형', '측정', '규칙성', '자료와 가능성'의 5개 영역으로 구성되는데, 우리가 이 교재에서 다룰 영역은 '도형·측정'입니다.

'도형' 영역에서는 평면도형과 입체도형의 개념, 구성요소, 성질과 공간감각을 다룹니다. 평면도형이나 입체도형의 개념과 성질에 대한 이해는 실생활 문제를 해결하는 데 기초가 되며, 수학의 다른 영역의 개념과 밀접하게 관련되어 있습니다. 또한 도형을 다루는 경험으로부터 비롯되는 공간감각은 수학적 소양을 기르는 데 도움이 됩니다.

'측정' 영역에서는 시간, 길이, 들이, 무게, 각도, 넓이, 부피 등 다양한 속성의 측정과 어림을 다룹니다. 우리 생활 주변의 측정 과정에서 경험하는 양의 비교, 측정, 어림은 수학 학습을 통해 길러야 할 중요한 기능이고, 이는 실생활이나 타 교과의 학습에서 유용하게 활용되며, 또한 측정을 통해 길러지는 양감은 수학적 소양을 기르는 데 도움이 됩니다.

1. 부족한 부분에 대한 집중 연습이 가능

도형·측정 영역은 직관적으로 쉽다고 느끼는 아이들도 있지만, 많은 아이들이 수·연산 영역에 비해 많이 어려워합니다.

길이, 무게, 넓이 등의 여러 속성을 비교하거나 어림해야 할 때는 섬세한 양감능력이 필요하고, 입체도형의 겉넓이나 부피를 구해야 할 때는 도형의 속성, 전개도의 이해는 물론 계산능력까지도 필요합니다. 도형을 돌리거나 뒤집는 대칭이동을 알아볼 때는 실제 해본 경험을 토대로 하여 형성된 추론능력이 필요하기도 합니다.

다른 여러 영역에 비해 도형·측정 영역은 이렇게 종합적이고 논리적인 사고와 직관력을 동시에 필요로 하기 때문에 문제 상황에 익숙해지기까지는 당황스러울 수밖에 없습니다. 하지만 절대 걱정할 필요가 없습니다.

기초부터 차근차근 쌓아 올라가야만 다른 단계로의 확장이 가능한 수·연산 등 다른 영역과 달리, 도형·측정 영역은 각각의 내용들이 독립성 있는 경우가 대부분이어서 부족한 부분만 집중 연습해도 충분히 그 부분의 완성도 있는 학습이 가능하기 때문입니다.

이번에 기탄에서 출시한 기탄영역별수학 도형·측정편으로 부족한 부분을 선택하여 집중적으로 연습해 보세요. 원하는 만큼 실력과 자신감이 쑥쑥 향상됩니다.

2. 학습 부담 없는 알맞은 분량

내게 부족한 부분을 선택해서 집중 연습하려고 할 때, 그 부분의 학습 분량이 너무 많으면 부담 때문에 시작하기조차 힘들 수 있습니다.

무조건 문제 수가 많은 것보다 학습의 흥미도를 떨어뜨리지 않는 범위 내에서 필요한 만큼 충분한 양일 때 학습효과가 가장 좋습니다.

기탄영역별수학 도형·측정편은 다루어야 할 내용을 세분화하여, 한 가지 내용에 대한 학습량도 권당 80쪽, 쪽당 문제 수도 3~8문제 정도로 여유 있게 배치하여 학습 부담을 줄이고 학습효과는 높였습니다.

학습자의 상태를 가장 많이 고민한 책, 기탄영역별수학 도형·측정편으로 미루어 두었던 수학에의 도전을 시작해 보세요.

이 책의 구성

★ 본 학습

제목을 통해 이번 차시에서 학습해야 할 내용이 무엇인지 짚어 보고, 그것을 익히기 위한 최적화된 연습문제를 반복해서 집중적으로 풀어 볼 수 있습니다.

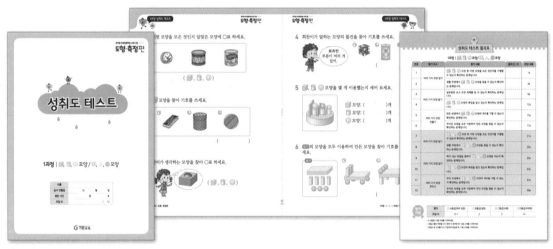

★ 성취도 테스트

성취도 테스트는 본문에서 집중 연습한 내용을 최종적으로 한번 더 확인해 보는 문제들로 구성되어 있습니다. 성취도 테스트를 풀어 본 후, 결과표에 내가 맞은 문제인지 틀린 문제인지 체크를 해가며 각각의 문항을 통해 성취해야 할 학습목표와 학습내용을 짚어 보고, 성취된 부분과 부족한 부분이 무엇인지 확인합니다.

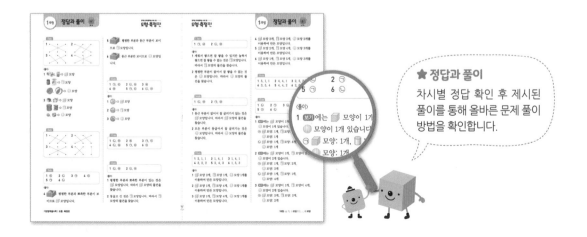

★ 정답과 풀이

차시별 정답 확인 후 제시된 풀이를 통해 올바른 문제 풀이 방법을 확인합니다.

기탄영역별수학
도형·측정편

시계 보기

4 과정

기초부터 탄탄하게
G 기탄교육

차례

시계 보기

몇 시 알기 ·································· 1a

몇 시 30분 알기 ·························· 9a

몇 시·몇 시 30분의 이해 ·············· 17a

몇 시 몇 분 알기(1) ······················ 21a

몇 시 몇 분 알기(2) ······················ 29a

몇 시 몇 분의 이해 ······················ 37a

도형·측정편

1a

몇 시 알기

이름 :

날짜 :

시간 :   :   ~   :

🐸 몇 시 읽기 ①

★ 시각을 써 보세요.

1

시계의 짧은바늘이 1, 긴바늘이 12를 가리킬 때 '1시'를 나타내고 '한 시'라고 읽습니다.

☐ 시

2

☐ 시

3

☐ 시

4

☐ 시

5

☐ 시

6

☐ 시

7

☐ 시

8

☐ 시

9

☐ 시

10

☐ 시

11

☐ 시

12

☐ 시

기탄영역별수학 | 도형·측정편

몇 시 알기

이름 :
날짜 :
시간 :   :   ~   :

🐸 몇 시 읽기 ②

★ 시각을 써 보세요.

1

☐ 시

2

☐ 시

3

☐ 시

4

☐ 시

5

☐ 시

6

☐ 시

7

◻ 시

8

◻ 시

9

◻ 시

10

◻ 시

11

◻ 시

12

◻ 시

3a

몇 시 알기

이름 :
날짜 :
시간 :   :   ~   :

🐸 같은 시각끼리 잇기 ①

★ 같은 시각끼리 이어 보세요.

1 3:00 •

':' 앞의 수는 3, ':' 뒤의
수는 00이므로 '3시'를
나타냅니다.

• ㄱ

2 9:00 •

• ㄴ

3 7:00 •

• ㄷ

4 6:00 •

• ㄹ

영역별 반복집중학습 프로그램

★ 같은 시각끼리 이어 보세요.

5 8:00 •

• ㉠

6 5:00 •

• ㉡

7 2:00 •

• ㉢

8 11:00 •

• ㉣

도형·측정편

4a

몇 시 알기

🐸 같은 시각끼리 잇기 ②

★ 같은 시각끼리 이어 보세요.

1 [12:00] •

• ㉠

2 [4:00] •

• ㉡

3 [1:00] •

• ㉢

4 [10:00] •

• ㉣

★ 같은 시각끼리 이어 보세요.

5   7:00   •

• ㉠

6   2:00   •

• ㉡

7   6:00   •

• ㉢

8   9:00   •

• ㉣

도형·측정편

5a

몇 시 알기

이름 :

날짜 :

시간 :   :   ~   :

🐸 시각에 맞게 시곗바늘 그려 넣기 ①

★ 시각에 알맞게 긴바늘을 그려 넣으세요.

1   4시

4시는
짧은바늘이 4,
긴바늘이 12를
가리키도록
그립니다.

2   9시

3   5시

4   10시

5   3시

6   6시

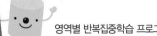 영역별 반복집중학습 프로그램

★ 시각에 알맞게 짧은바늘을 그려 넣으세요.

7 7시

8 1시

9 12시

10 2시

11 11시

12 8시

영역별 반복집중학습 프로그램

도형·측정편

몇 시 알기

이름 :
날짜 :
시간 :   :   ~   :

🐸 시각에 맞게 시곗바늘 그려 넣기 ②

★ 시각에 알맞게 긴바늘과 짧은바늘을 그려 넣으세요.

1 2시

2 8시

3 11시

4 10시

5 3시

6 5시

7 4시

8 9시

9 7시

10 12시

11 6시

12 1시

도형·측정편

7a

몇 시 알기

이름 :

날짜 :

시간 :　　:　　~　　:

🐸 디지털시계를 보고 시곗바늘 그려 넣기 ①

★ 디지털시계를 보고 시각에 알맞게 긴바늘을 그려 넣으세요.

1

2

3

4

5

6

★ 디지털시계를 보고 시각에 알맞게 짧은바늘을 그려 넣으세요.

7

8

9

10

11

12

몇 시 알기

🐸 디지털시계를 보고 시곗바늘 그려 넣기 ②

★ 디지털시계를 보고 시각에 알맞게 긴바늘과 짧은바늘을 그려 넣으세요.

1

2

3

4

5

6

7

8

9

10

11

12

몇 시 30분 알기

이름 :

날짜 :

시간 : : ~ :

🐸 몇 시 30분 읽기 ①

★ 시각을 써 보세요.

1

> 시계의 짧은바늘이 6과 7 사이, 긴바늘이 6을 가리킬 때 '6시 30분'을 나타내고 '여섯 시 삼십 분'이라고 읽습니다.

☐ 6 ☐ 시 ☐ 30 ☐ 분

2

☐ 시 ☐ 분

3

☐ 시 ☐ 분

4

☐ 시 ☐ 분

5

☐ 시 ☐ 분

6

☐ 시 ☐ 분

영역별 반복집중학습 프로그램

7

☐ 시 ☐ 분

8

☐ 시 ☐ 분

9

☐ 시 ☐ 분

10

☐ 시 ☐ 분

11

☐ 시 ☐ 분

12

☐ 시 ☐ 분

몇 시 30분 알기

이름 :

날짜 :

시간 :   :   ~   :

🐸 몇 시 30분 읽기 ②

★ 시각을 써 보세요.

1

☐ 시 ☐ 분

2

☐ 시 ☐ 분

3

☐ 시 ☐ 분

4

☐ 시 ☐ 분

5

☐ 시 ☐ 분

6

☐ 시 ☐ 분

7

☐시 ☐분

8

☐시 ☐분

9

☐시 ☐분

10

☐시 ☐분

11

☐시 ☐분

12

☐시 ☐분

몇 시 30분 알기

이름 :

날짜 :

시간 :   :   ~   :

🐸 같은 시각끼리 잇기 ①

★ 같은 시각끼리 이어 보세요.

1 **3:30** •

'：' 앞의 수는 3, '：' 뒤의 수는 30이므로 '3시 30분'을 나타냅니다.

• ㉠

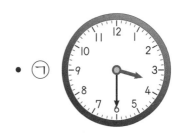

2 **8:30** •

• ㉡

3 **12:30** •

• ㉢

4 **4:30** •

• ㉣

★ 같은 시각끼리 이어 보세요.

5 2:30 •

• ㉠

6 11:30 •

• ㉡

7 9:30 •

• ㉢

8 6:30 •

• ㉣

이름 :

날짜 :

시간 :　　:　　~　　:

몇 시 30분 알기

🐸 같은 시각끼리 잇기 ②

★ 같은 시각끼리 이어 보세요.

1 [1:30] •

• ㉠

2 [5:30] •

• ㉡

3 [7:30] •

• ㉢

4 [10:30] •

• ㉣

영역별 반복집중학습 프로그램

★ 같은 시각끼리 이어 보세요.

5 [6:30] •

• ㉠

6 [3:30] •

• ㉡

7 [11:30] •

• ㉢

8 [8:30] •

• ㉣

몇 시 30분 알기

이름 :
날짜 :
시간 :   :   ~   :

🐸 시각에 맞게 시곗바늘 그려 넣기 ①

★ 시각에 알맞게 긴바늘을 그려 넣으세요.

1 ┃시 30분

┃시 30분은 짧은바늘이 ┃과 2 사이에 있고, 긴바늘이 6을 가리키도록 그립니다.

2 9시 30분

3 5시 30분

4 7시 30분

5 2시 30분

6 ┃2시 30분

★ 시각에 알맞게 짧은바늘을 그려 넣으세요.

7 | | 시 30분

8 3시 30분

9 | 0시 30분

10 4시 30분

11 8시 30분

12 6시 30분

영역별 반복집중학습 프로그램

도형·측정편

14a

몇 시 30분 알기

이름 :

날짜 :

시간 : : ~ :

🐸 시각에 맞게 시곗바늘 그려 넣기 ②

★ 시각에 알맞게 긴바늘과 짧은바늘을 그려 넣으세요.

1 8시 30분

2 3시 30분

3 10시 30분

4 1시 30분

5 12시 30분

6 5시 30분

7 6시 30분

8 11시 30분

9 4시 30분

10 9시 30분

11 2시 30분

12 7시 30분

몇 시 30분 알기

이름 :

날짜 :

시간 :   :   ~   :

🐸 디지털시계를 보고 시곗바늘 그려 넣기 ①

★ 디지털시계를 보고 시각에 알맞게 긴바늘을 그려 넣으세요.

1

2

3:30

1:30

3
6:30

4
8:30

5

4:30

6
11:30

★ 디지털시계를 보고 시각에 알맞게 짧은바늘을 그려 넣으세요.

7

8

9

10

11

12

몇 시 30분 알기

이름 :

날짜 :

시간 :   :   ~   :

🐸 디지털시계를 보고 시곗바늘 그려 넣기 ②

★ 디지털시계를 보고 시각에 알맞게 긴바늘과 짧은바늘을 그려 넣으세요.

1

2 2:30

3 7:30

4 6:30

5 4:30

6 11:30

7

8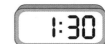

9

10

11

12

도형·측정편

17a

몇 시·몇 시 30분의 이해

🐸 상황에 맞게 시각 읽기

★ 영준이네 반은 동물원으로 현장 체험 학습을 갔습니다. 시계를 보고 ◯ 안에 알맞은 수를 써넣으세요.

1

◯ 시에 버스를 탔습니다.

2

◯ 시 ◯ 분에 동물원에 도착했습니다.

3

◯ 시에 호랑이를 구경했습니다.

4

[ ] 시 [ ] 분에 점심을 먹었습니다.

5

[ ] 시에 기린을 구경했습니다.

6

[ ] 시 [ ] 분에 학교에 도착했습니다.

영역별 반복집중학습 프로그램

도형·측정편

18a

이름 :

날짜 :

시간 :   :   ~   :

몇 시·몇 시 30분의 이해

🐸 상황에 맞게 같은 시각끼리 잇기

★ 같은 시각끼리 이어 보세요.

1

·

· ㉠

2

·

· ㉡

3

·

· ㉢

4

·

· ㉣

★ 같은 시각끼리 이어 보세요.

5      •   • ㉠

6      •   • ㉡

7      •   • ㉢

8      •   • ㉣

몇 시 · 몇 시 30분의 이해

이름 :

날짜 :

시간 :   :   ~   :

🐸 상황에 맞게 시곗바늘 그려 넣기 ①

★ 이야기에 나오는 시각을 시계에 나타내어 보세요.

1

12시에 간식을 먹었습니다.

2

3시에 숙제를 했습니다.

3

4시 30분에 태권도 연습을 했습니다.

4

5시 30분에 동생과 놀았습니다.

5

7시에 저녁을 먹었습니다.

6

9시 30분이 되어 잠자리에 들었습니다.

몇 시·몇 시 30분의 이해

🐸 상황에 맞게 시곗바늘 그려 넣기 ②

★ 시계에 시각을 나타내어 보세요.

1

2

3

4

5

6

7

8

도형·측정편

21a

몇 시 몇 분 알기(1)

이름 :

날짜 :

시간 :   :   ~   :

🐸 몇 시 몇 분 읽기 ①

★ 시각을 써 보세요.

1

시계의 짧은바늘이 9와 10 사이에 있고, 긴바늘이 4를 가리키므로 9시 20분입니다.

 9 시 20 분

2

☐ 시 ☐ 분

3

☐ 시 ☐ 분

4

☐ 시 ☐ 분

5

☐ 시 ☐ 분

6

☐ 시 ☐ 분

4과정 시계 보기

영역별 반복집중학습 프로그램

7

☐ 시 ☐ 분

8

☐ 시 ☐ 분

9

☐ 시 ☐ 분

10

☐ 시 ☐ 분

11

☐ 시 ☐ 분

12

☐ 시 ☐ 분

몇 시 몇 분 알기(1)

🐸 몇 시 몇 분 읽기 ②

★ 시각을 써 보세요.

1

☐ 시 ☐ 분

2

☐ 시 ☐ 분

3

☐ 시 ☐ 분

4

☐ 시 ☐ 분

5

☐ 시 ☐ 분

6

☐ 시 ☐ 분

7

◻ 시 ◻ 분

8

◻ 시 ◻ 분

9

◻ 시 ◻ 분

10

◻ 시 ◻ 분

11

◻ 시 ◻ 분

12

◻ 시 ◻ 분

도형·측정편

23a

몇 시 몇 분 알기(1)

이름 :

날짜 :

시간 :   :   ~   :

🐸 같은 시각끼리 잇기 ①

★ 같은 시각끼리 이어 보세요.

1 [4:05] •

 ':' 앞의 수는 4, ':' 뒤의 수는 05이므로 '4시 5분'을 나타냅니다.

• ㉠

2 [1:50] •

• ㉡

3 [11:10] •

• ㉢

4 [9:25] •

• ㉣

★ 같은 시각끼리 이어 보세요.

5 [2:20] •

• ㉠

6 [7:15] •

• ㉡

7 [5:45] •

• ㉢

8 [10:55] •

• ㉣

몇 시 몇 분 알기(1)

😃 같은 시각끼리 잇기 ②

★ 같은 시각끼리 이어 보세요.

1 6:35 •

• ㉠

2 3:05 •

• ㉡

3 12:50 •

• ㉢

4 8:45 •

• ㉣

★ 같은 시각끼리 이어 보세요.

5 5:55 •   • ㉠

6 1: 15 •   • ㉡

7 11:40 •   • ㉢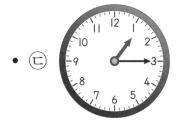

8 4:25 •   • ㉣

도형·측정편

25a

몇 시 몇 분 알기(1)

이름 :

날짜 :

시간 :   :   ~   :

🐸 시각에 맞게 시곗바늘 그려 넣기 ①

★ 시각에 알맞게 긴바늘을 그려 넣으세요.

1 | 시 | 0분

| 시 | 0분은 짧은바늘이 | 과 2 사이에 있고, 긴바늘이 2를 가리키도록 그립니다.

2 | 2시 25분

3 4시 35분

4 7시 55분

5 5시 20분

6 9시 40분

7 11시 5분

8 2시 45분

9 8시 20분

10 3시 50분

11 6시 15분

12 10시 40분

몇 시 몇 분 알기(1)

이름 :

날짜 :

시간 :   :   ~   :

🐸 시각에 맞게 시곗바늘 그려 넣기 ②

★ 시각에 알맞게 긴바늘을 그려 넣으세요.

1 3시 45분

2 2시 5분

3 8시 50분

4 9시 10분

5 12시 35분

6 5시 25분

4과정 시계 보기

영역별 반복집중학습 프로그램

7 6시 20분

8 7시 10분

9 11시 55분

10 1시 35분

11 10시 15분

12 4시 40분

몇 시 몇 분 알기(1)

이름 :
날짜 :
시간 :   :   ~   :

🐸 디지털시계를 보고 시곗바늘 그려 넣기 ①

★ 디지털시계를 보고 시각에 알맞게 긴바늘을 그려 넣으세요.

1

2 8:40

3 1:20

4

5 9:05

6 4:50

27b

영역별 반복집중학습 프로그램

7

8 3:55

9

10 7:45

11 6:50

12 10:25

기탄영역별수학 | 도형·측정편

도형·측정편

28a

몇 시 몇 분 알기(1)

🐸 디지털시계를 보고 시곗바늘 그려 넣기 ②

★ 디지털시계를 보고 시각에 알맞게 긴바늘을 그려 넣으세요.

1

2

3

4:55

4

12:05

5

9:50

6

3:15

7

8

9

10

11

12

기탄영역별수학 | 도형·측정편

몇 시 몇 분 알기(2)

이름 :

날짜 :

시간 :   :   ~   :

🐸 **몇 시 몇 분 읽기 ①**

★ 시각을 써 보세요.

1

 짧은바늘이 4와 5 사이에 있고, 긴바늘이 1에서 작은 눈금 3칸 더 간 곳을 가리키므로 4시 8분입니다.

[4] 시 [8] 분

2

[   ] 시 [   ] 분

3

[   ] 시 [   ] 분

4

[   ] 시 [   ] 분

5

[   ] 시 [   ] 분

6

[   ] 시 [   ] 분

7

☐ 시 ☐ 분

8

☐ 시 ☐ 분

9

☐ 시 ☐ 분

10

☐ 시 ☐ 분

11

☐ 시 ☐ 분

12

☐ 시 ☐ 분

영역별 반복집중학습 프로그램

도형·측정편

30a

몇 시 몇 분 알기(2)

| 이름 : |
| 날짜 : |
| 시간 :   :   ~   : |

🐸 몇 시 몇 분 읽기 ②

★ 시각을 써 보세요.

1

□ 시 □ 분

2

□ 시 □ 분

3

□ 시 □ 분

4

□ 시 □ 분

5

□ 시 □ 분

6

□ 시 □ 분

4과정 시계 보기

7

◻ 시 ◻ 분

8

◻ 시 ◻ 분

9

◻ 시 ◻ 분

10

◻ 시 ◻ 분

11

◻ 시 ◻ 분

12

◻ 시 ◻ 분

31a 몇 시 몇 분 알기(2)

이름 :

날짜 :

시간 : : ~ :

🐸 같은 시각끼리 잇기 ①

★ 같은 시각끼리 이어 보세요.

1 | 11:09 | ·

 ':' 앞의 수는 11, ':' 뒤의 수는 09이므로 '11시 9분'을 나타냅니다.

· ㉠

2 | 3:32 | ·

· ㉡

3 | 12:24 | ·

· ㉢

4 | 6:41 | ·

· ㉣

★ 같은 시각끼리 이어 보세요.

5 1:27 •

• ㉠

6 4:13 •

• ㉡

7 9:38 •

• ㉢

8 8:56 •

• ㉣

몇 시 몇 분 알기(2)

😊 같은 시각끼리 잇기 ②

★ 같은 시각끼리 이어 보세요.

1 [7:36] •

•ㄱ

2 [1:54] •

•ㄴ

3 [11:49] •

•ㄷ

4 [5:11] •

•ㄹ

★ 같은 시각끼리 이어 보세요.

5　⟨ 3:07 ⟩ •

• ㉠

6　⟨ 10:16 ⟩ •

• ㉡

7　⟨ 8:42 ⟩ •

• ㉢

8　⟨ 2:28 ⟩ •

• ㉣

도형·측정편

33a

몇 시 몇 분 알기(2)

이름 :

날짜 :

시간 :   :   ~   :

🐸 시각에 맞게 시곗바늘 그려 넣기 ①

★ 시각에 알맞게 긴바늘을 그려 넣으세요.

1 | 시 | 8분

|시 |8분은 짧은바늘이 |과 2 사이에 있고, 긴바늘이 3에서 작은 눈금 3칸 더 간 곳을 가리키도록 그립니다.

2 5시 36분

3 |2시 57분

4 9시 44분

5 7시 |분

6 4시 22분

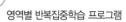

7 8시 27분

8 2시 9분

9 11시 48분

10 6시 51분

11 10시 14분

12 3시 33분

몇 시 몇 분 알기(2)

🐸 시각에 맞게 시곗바늘 그려 넣기 ②

★ 시각에 알맞게 긴바늘을 그려 넣으세요.

1 10시 31분

2 4시 52분

3 8시 29분

4 7시 16분

5 2시 8분

6 6시 43분

영역별 반복집중학습 프로그램

7 I2시 I2분

8 I시 37분

9 9시 3분

10 5시 46분

11 II시 2I분

12 3시 59분

기탄영역별수학 | 도형·측정편

몇 시 몇 분 알기(2)

이름 :
날짜 :
시간 : : ~ :

🐸 디지털시계를 보고 시곗바늘 그려 넣기 ①

★ 디지털시계를 보고 시각에 알맞게 긴바늘을 그려 넣으세요.

1 3:41

2 10:13

3 12:39

4 6:24

5 8:07

6 2:56

7

9:28

8

1:04

9

5:49

10

11:32

11

4:53

12

7:17

도형·측정편

36a

몇 시 몇 분 알기(2)

이름 :
날짜 :
시간 : : ~ :

🐸 디지털시계를 보고 시곗바늘 그려 넣기 ②

★ 디지털시계를 보고 시각에 알맞게 긴바늘을 그려 넣으세요.

1

2

3

4

5

6

4과정 시계 보기

7

5:54

8

6:11

9

12:42

10

7:06

11

1:38

12

10:23

몇 시 몇 분의 이해

이름 :

날짜 :

시간 :   :   ~   :

🐸 상황에 맞게 시각 읽기

★ 연주네 반은 미술관으로 현장 체험 학습을 갔습니다. 시계를
보고 ⬚ 안에 알맞은 수를 써넣으세요.

1

⬚ 시 ⬚ 분에 일어났습니다.

2

⬚ 시 ⬚ 분에 세수를 했습니다.

3

⬚ 시 ⬚ 분에 집에서 나왔습니다.

4

[ ]시 [ ]분에 미술관에 입장했습니다.

5

[ ]시 [ ]분에 제2전시관을 관람했습니다.

6

[ ]시 [ ]분에 미술관에서 출발했습니다.

도형·측정편

38a

몇 시 몇 분의 이해

🐸 상황에 맞게 같은 시각끼리 잇기

★ 같은 시각끼리 이어 보세요.

1  •

• ㉠

2  •

• ㉡

3  •

• ㉢

4  •

• ㉣

★ 같은 시각끼리 이어 보세요.

5  •

• ㉠

6  •

• ㉡

7  •

• ㉢

8  •

• ㉣

영역별 반복집중학습 프로그램
도형·측정편
39a

몇 시 몇 분의 이해

이름 :
날짜 :
시간 :   :   ~   :

🐸 상황에 맞게 시곗바늘 그려 넣기 ①

★ 이야기에 나오는 시각을 시계에 나타내어 보세요.

1

11시 35분에 수업을 하고 있었습니다.

2

2시 26분에 집으로 돌아왔습니다.

3

3시 5분에 도서관에 있었습니다.

4

4시 48분에 시소를 탔습니다.

5

7시 40분에 준비물을 챙겼습니다.

6

8시 13분에 일기를 썼습니다.

도형·측정편

40a

몇 시 몇 분의 이해

🐸 상황에 맞게 시곗바늘 그려 넣기 ②

★ 시계에 시각을 나타내어 보세요.

1

2

3

4

5

6

7

8

 다음 학습 연관표

4과정 시계 보기	→	5과정 시각과 시간(1)

성취도 테스트

4과정 | 시계 보기

이름	
실시 연월일	년 월 일
걸린 시간	분 초
오답 수	/ 16

1 시각을 써 보세요.

(1)

□ 시

(2)

□ 시

★ 시각에 알맞게 긴바늘과 짧은바늘을 그려 넣으세요. (2~3)

2 2시

3 10:00

4 시각을 써 보세요.

(1)

□ 시 □ 분

(2)

□ 시 □ 분

★ 시각에 알맞게 긴바늘과 짧은바늘을 그려 넣으세요. (5~6)

5 | 시 30분

6

7 시계를 보고 ☐ 안에 알맞은 수를 써넣으세요.

☐ 시에 가방을 메고 학교 갈 준비를 했습니다.

8 이야기에 나오는 시각을 시계에 나타내어 보세요.

9시 30분에 수건돌리기 놀이를 했습니다.

9 시각을 써 보세요.

(1)

☐ 시 ☐ 분

(2)

☐ 시 ☐ 분

★ 시각에 알맞게 긴바늘을 그려 넣으세요. (10~11)

10 8시 25분

11

12 시각을 써 보세요.

(1)

☐ 시 ☐ 분

(2)

☐ 시 ☐ 분

★ 시각에 알맞게 긴바늘을 그려 넣으세요. (13~14)

13 9시 7분

14

15 시계를 보고 ☐ 안에 알맞은 수를 써넣으세요.

☐시 ☐분에 공원에서 친구를 만났습니다.

16 이야기에 나오는 시각을 시계에 나타내어 보세요.

7시 59분에 과일을 먹었습니다.

성취도 테스트 결과표

4과정 | 시계 보기

번호	평가 요소	평가 내용	결과(O, X)	관련 내용
1	몇 시 알기	시계를 보고 '몇 시'를 바르게 읽을 수 있는지 확인하는 문제입니다.		1a
2		'몇 시'에 알맞게 긴바늘을 그려 넣을 수 있는지 확인하는 문제입니다.		5a
3		디지털시계를 보고 '몇 시'에 알맞게 짧은바늘을 그려 넣을 수 있는지 확인하는 문제입니다.		7b
4	몇 시 30분 알기	시계를 보고 '몇 시 30분'을 바르게 읽을 수 있는지 확인하는 문제입니다.		9a
5		'몇 시 30분'에 알맞게 긴바늘을 그려 넣을 수 있는지 확인하는 문제입니다.		13a
6		디지털시계를 보고 '몇 시 30분'에 알맞게 짧은바늘을 그려 넣을 수 있는지 확인하는 문제입니다.		15b
7	몇 시·몇 시 30분의 이해	시계를 보고 상황에 맞게 시각을 읽을 수 있는지 확인하는 문제입니다.		17a
8		이야기에 나오는 시각을 시계에 나타낼 수 있는지 확인하는 문제입니다.		19a
9	몇 시 몇 분 알기(1)	시계를 보고 5분 단위의 시각 읽기를 바르게 할 수 있는지 확인하는 문제입니다.		21a
10		5분 단위의 시각에 알맞게 긴바늘을 그려 넣을 수 있는지 확인하는 문제입니다.		25a
11		디지털시계를 보고 5분 단위의 시각에 알맞게 긴바늘을 그려 넣을 수 있는지 확인하는 문제입니다.		27a
12	몇 시 몇 분 알기(2)	시계를 보고 1분 단위의 시각 읽기를 바르게 할 수 있는지 확인하는 문제입니다.		29a
13		1분 단위의 시각에 알맞게 긴바늘을 그려 넣을 수 있는지 확인하는 문제입니다.		33a
14		디지털시계를 보고 1분 단위의 시각에 알맞게 긴바늘을 그려 넣을 수 있는지 확인하는 문제입니다.		35a
15	몇 시 몇 분의 이해	시계를 보고 상황에 맞게 시각을 읽을 수 있는지 확인하는 문제입니다.		37a
16		이야기에 나오는 시각을 시계에 나타낼 수 있는지 확인하는 문제입니다.		39a

평가 기준

평가	□ A등급(매우 잘함)	□ B등급(잘함)	□ C등급(보통)	□ D등급(부족함)
오답 수	0~1	2~3	4~5	6~

• A, B등급: 다음 교재를 시작하세요.

• C등급: 틀린 부분을 다시 한번 더 공부한 후, 다음 교재를 시작하세요.

• D등급: 본 교재를 다시 구입하여 복습한 후, 다음 교재를 시작하세요.

1ab

1 1	**2** 11	**3** 9	**4** 5
5 8	**6** 4	**7** 7	**8** 2
9 10	**10** 3	**11** 6	**12** 12

〈풀이〉

1~12 1시, 11시 등을 시각이라고 합니다. 시계의 짧은바늘이 ★, 긴바늘이 12를 가리키면 '★시'입니다.

2ab

1 6	**2** 1	**3** 3	**4** 9
5 7	**6** 11	**7** 4	**8** 5
9 10	**10** 12	**11** 8	**12** 2

3ab

1 ㉠	**2** ㉣	**3** ㉢	**4** ㉢
5 ㉢	**6** ㉢	**7** ㉠	**8** ㉣

〈풀이〉

1~8 디지털시계에서 ':' 앞의 수는 '시'를 나타내고, ':' 뒤의 수는 '분'을 나타냅니다.

4ab

1 ㉢	**2** ㉠	**3** ㉣	**4** ㉢
5 ㉣	**6** ㉢	**7** ㉢	**8** ㉠

5ab

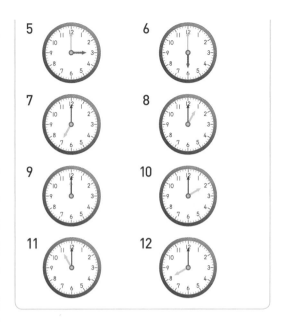

6ab

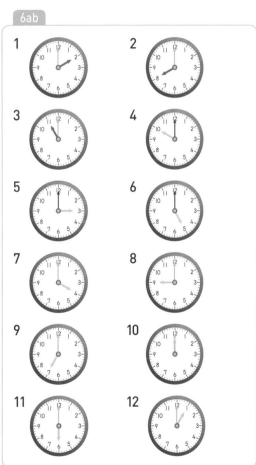

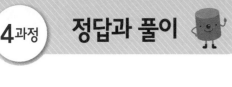

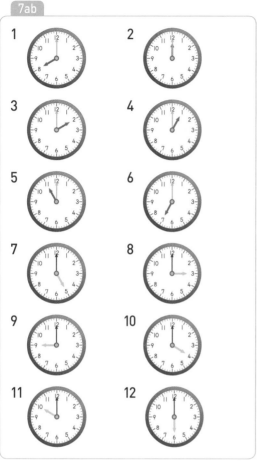

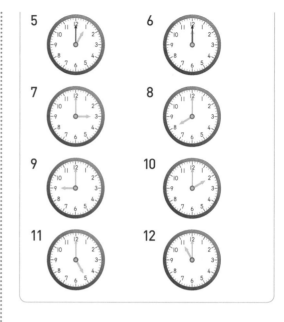

7ab

〈풀이〉

1 디지털시계가 8시이므로, 긴바늘이 12를
가리키도록 그립니다.

7 디지털시계가 5시이므로, 짧은바늘이 5를
가리키도록 그립니다.

8ab

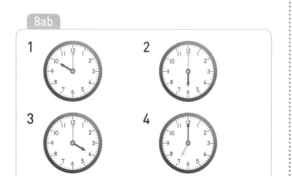

9ab

1 6, 30	**2** 9, 30	**3** 3, 30
4 2, 30	**5** 8, 30	**6** 11, 30
7 10, 30	**8** 1, 30	**9** 5, 30
10 4, 30	**11** 12, 30	**12** 7, 30

〈풀이〉

1~12 6시 30분, 9시 30분 등을 시각이라고
합니다. 시계의 짧은바늘이 ★과 ★+1 사
이, 긴바늘이 6을 가리키면 '★시 30분'입
니다.

10ab

1 2, 30	**2** 4, 30	**3** 8, 30
4 6, 30	**5** 11, 30	**6** 10, 30
7 1, 30	**8** 9, 30	**9** 3, 30
10 7, 30	**11** 5, 30	**12** 12, 30

11ab

1 ㉠	**2** ㉢	**3** ㉡	**4** ㉣
5 ㉢	**6** ㉣	**7** ㉠	**8** ㉡

12ab

1 ㉡   2 ㉣   3 ㉠   4 ㉢
5 ㉣   6 ㉠   7 ㉡   8 ㉢

13ab

1 2 3 4 5 6 7 8 9 10 11 12

14ab

1 2 3 4

15ab

5 6 7 8 9 10 11 12

1 2 3 4 5 6 7 8 9 10 11 12

〈풀이〉

1 디지털시계가 3시 30분이므로, 긴바늘이 6을 가리키도록 그립니다.

7 디지털시계가 7시 30분이므로, 짧은바늘이 7과 8 사이를 가리키도록 그립니다.

16ab

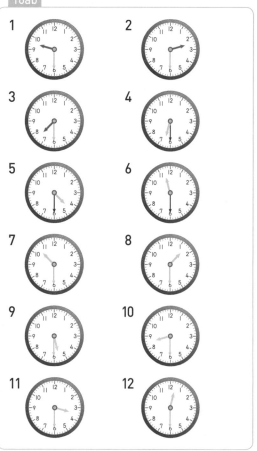

17ab

1 9		**2** 10, 30		**3** 11	
4 12, 30		**5** 2		**6** 3, 30	

18ab

1 ㄹ	**2** ㄱ	**3** ㄴ	**4** ㄷ
5 ㄷ	**6** ㄹ	**7** ㄴ	**8** ㄱ

19ab

20ab

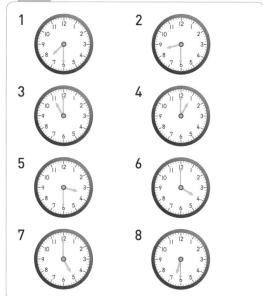

21ab

1 9, 20	**2** 5, 5	**3** 12, 40
4 8, 15	**5** 1, 55	**6** 4, 10
7 11, 45	**8** 2, 50	**9** 7, 25
10 6, 10	**11** 10, 20	**12** 3, 35

22ab

1 1, 40	**2** 9, 15	**3** 5, 10
4 8, 5	**5** 4, 35	**6** 12, 55
7 11, 20	**8** 10, 35	**9** 3, 40
10 6, 45	**11** 2, 25	**12** 7, 50

23ab

1 ㉡	**2** ㉠	**3** ㉣	**4** ㉢
5 ㉣	**6** ㉡	**7** ㉠	**8** ㉢

24ab

1 ㉢	**2** ㉣	**3** ㉠	**4** ㉡
5 ㉣	**6** ㉢	**7** ㉡	**8** ㉠

25ab

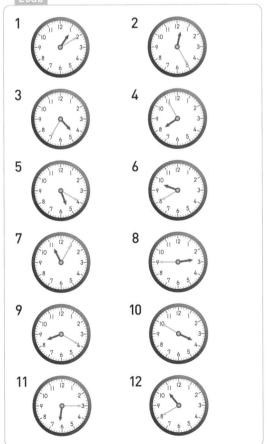

26ab

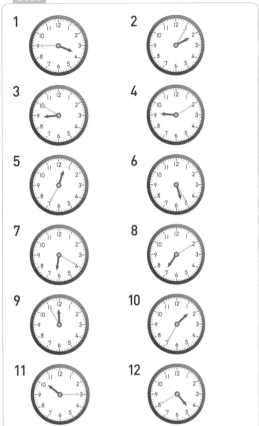

27ab

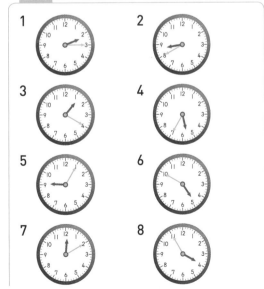

〈풀이〉

1 디지털시계가 2시 15분이므로, 긴바늘이 3을 가리키도록 그립니다.

7 디지털시계가 12시 10분이므로, 긴바늘이 2를 가리키도록 그립니다.

28ab

29ab

1 4, 8	**2** 12, 51	**3** 8, 34
4 7, 46	**5** 11, 17	**6** 3, 23
7 6, 26	**8** 5, 2	**9** 2, 14
10 9, 53	**11** 1, 47	**12** 10, 39

30ab

1 4, 31	**2** 9, 43	**3** 12, 29
4 1, 6	**5** 3, 12	**6** 2, 58
7 5, 48	**8** 8, 21	**9** 7, 4
10 11, 52	**11** 10, 37	**12** 6, 19

31ab

| **1** ㉠ | **2** ㉣ | **3** ㉢ | **4** ㉡ |
| **5** ㉣ | **6** ㉡ | **7** ㉢ | **8** ㉠ |

32ab

| **1** ㉣ | **2** ㉠ | **3** ㉢ | **4** ㉡ |
| **5** ㉢ | **6** ㉣ | **7** ㉡ | **8** ㉠ |

33ab

34ab

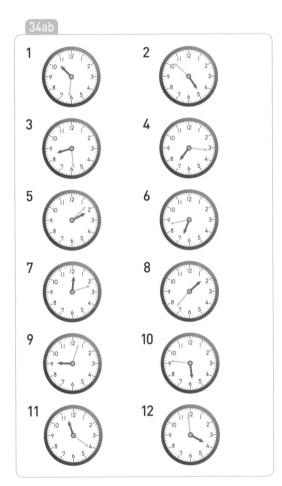

35ab

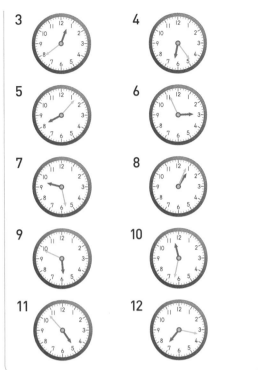

〈풀이〉

1 디지털시계가 3시 41분이므로, 긴바늘이 8에서 작은 눈금 1칸 더 간 곳을 가리키도록 그립니다.

7 디지털시계가 9시 28분이므로, 긴바늘이 5에서 작은 눈금 3칸 더 간 곳을 가리키도록 그립니다.

36ab

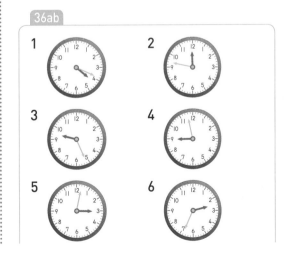

7   **8**

9 **10**

11   **12**

3   **4**

5   **6**

7 **8**

1 7, 32	**2** 7, 40	**3** 8, 35
4 11, 3	**5** 2, 10	**6** 4, 29

1 ㉡	**2** ㉣	**3** ㉠	**4** ㉢
5 ㉢	**6** ㉡	**7** ㉣	**8** ㉠

1 (1) 7 (2) 12

2   **3**

4 (1) 4, 30 (2) 7, 30

5   **6**

7 8 **8**

9 (1) 11, 5 (2) 6, 55

10   **11**

12 (1) 3, 38 (2) 12, 13

13   **14**

15 2, 15 **16**

1   **2**

3   **4**

5   **6**

1   **2**